INVENTAIRE
V 31,495

I0071292

V

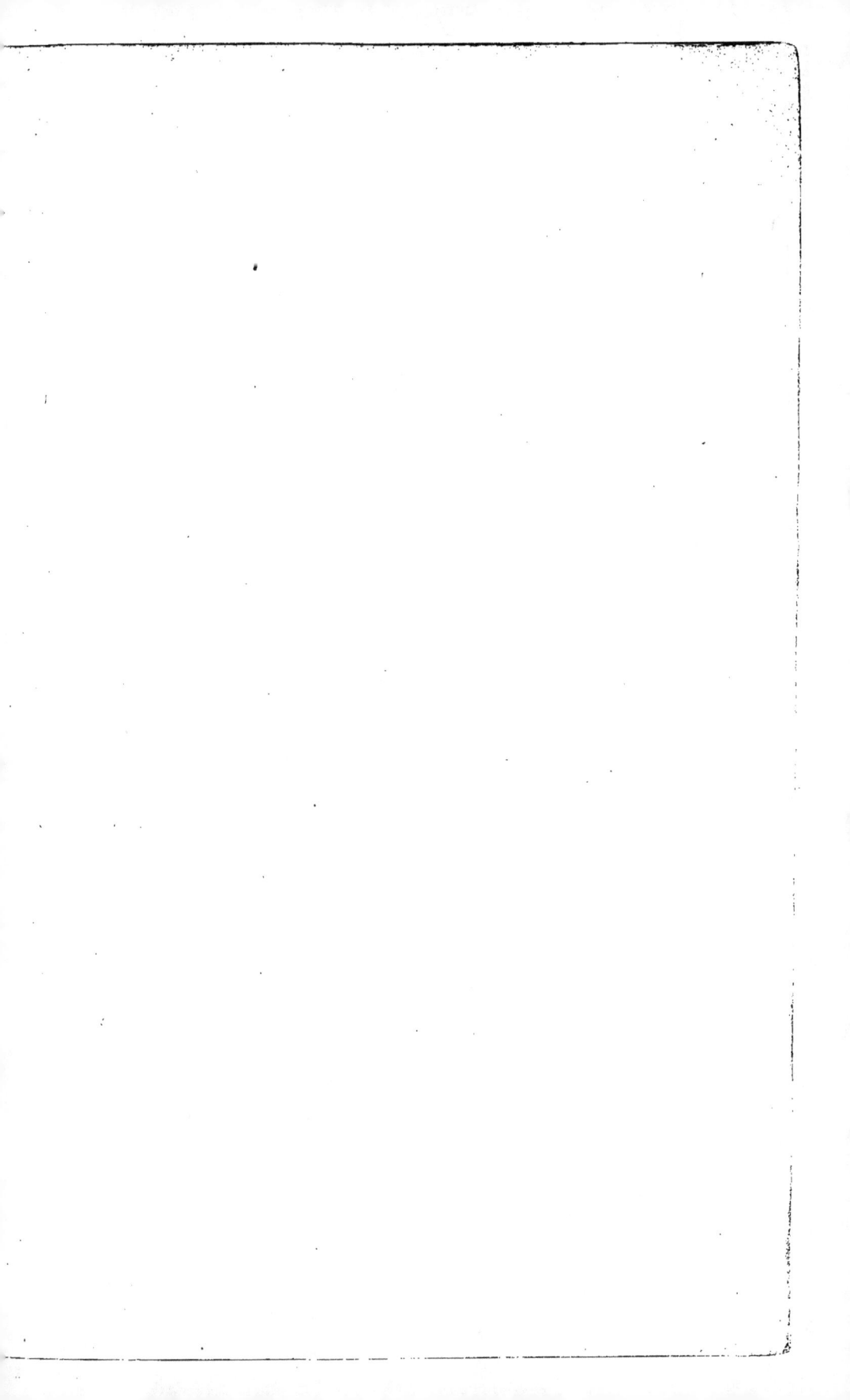

C.

31495

Bachellerie 20 tirages

333

REVANCHE ASTRONOMIQUE

RÉFUTATION

du Système planétaire, à ellipse excentrique,

de KEPPLER, Allemand,

adopté par l'École officielle

et

Réédification du Système planétaire,

des Astronomes Antédiluviens;

Par MARCELLIN BARRIÈRE, Français,

ex-Géomètre du Cadastre de la Gironde, cond.ᵉ des Ponts et Chaussées,
Astronome et Géographe Non titré.

Réfutation du livre de M. Ch. Emmanuel,
intitulé :
Astronomie nouvelle ou erreur des Astronomes;
par le même Auteur.

Prix: 2 Francs.

BORDEAUX

Lithographie Lacoste, rue du Cerf Volant, 13.

1871.

Avertissement.

La typographie s'étant mise au-dessus de mes moyens pécuniaires, je suis obligé d'autographier moi-même mon travail, sur la science astronomique ; mais comme, à en juger par moi, les hommes qui aiment les sciences sont patients et indulgents, et que c'est à eux, principalement, que j'ai l'honneur d'adresser mes découvertes, sur cette sublime science ; j'ose espérer que de tels hommes ne repousseront pas mon ouvrage, par cela seul, qu'il n'est pas typographié avec luxe. Du moment que cet opuscule sera bien lisible, comme je l'espère ; lui demander davantage, sur ce point, ce serait exiger l'agréable, et la science n'aime que l'utile. Ne vaut-il pas mieux s'instruire de choses utiles, par de l'autographie bien ordinaire, pourvu qu'elle soit lisible, que d'en apprendre de nuisibles, comme il arrive souvent, par le luxe de la typographie ? Mais d'ailleurs, « qui fait ce « qu'il peut, fait ce qu'il doit. »

J'adresse, avec d'autant plus de raison, mon travail astronomique, aux hommes spéciaux, qu'il n'y a que ces derniers qui puissent le comprendre et le juger. « Chacun son métier, dit-on, « les vaches sont bien gardées. »

Lorsque mon travail aura été contrôlé par des hommes spéciaux et compétents, s'il est reconnu par eux, être l'expression de la vérité, comme j'ose croire qu'il l'est ; alors, je ferai imprimer des livres classiques, dépouillés de toute polémique, à l'usage de toutes les classes de la société et de toutes les intelligences.

Tous droits réservés par l'auteur,
dont la signature ci-dessous est manuscrite.

———

Déposé en 7bre,
1871

———

Réfutation du Système planétaire elliptique,

De Keppler,

Adopté par l'école officielle.

Keppler, grand partisan des travaux des Patriarches antédiluviens, adopta le système planétaire de ces derniers, qu'avait adopté Copernic; mais le grand calculateur Allemand, ne réussit pas mieux que Copernic, à trouver, dans le mouvement oscillatoire de la Terre, que ce dernier a inventé, la théorie qui sert à expliquer l'inégalité des jours de 24 heures; Keppler, arrêté par cette impossibilité, et ne voulant pas se servir des épicycles, ridiculisés par lui même, eut l'idée de fabriquer un système planétaire à sa façon; et pour pouvoir y réussir, le géomètre Allemand, qui avait hérité des nombreuses et excellentes observations astronomiques de Tychot, se servit de ces dernières.

Ce n'est pas seulement à l'aide des observations astronomiques de Tychot, que Keppler parvint à échafauder son pitoyable système elliptique; il se servit aussi des conseils de Mæstlin, à l'égard de la dimension des orbites des planètes, ce n'est donc pas Keppler qui a inventé la proportionalité des aires décrites, comme il en a eu, à tort, la réputation. Voici ce qu'en dit Bailly:

« « Mæstlin, qui fut le maître de Keppler en mathématiques
« et en astronomie, avait fait un traité sur les dimensions des orbites
« des planètes, dans l'hypothèse de Copernic; ce fut sans doute la leçon de Keppler
« mais il n'hésita pas, et nous remarquerons à son honneur qu'il fut
« copernicien, au moment où il vit le jour des sciences. »

La troisième chose, qui n'était pas de Keppler, et qui a servi au géomètre Allemand, pour la construction de son absurde système elliptique, c'est le parallélisme de l'axe de la Terre, inventé et réfuté par Copernic lui-même.

Ainsi, dans le pitoyable système elliptique, de Keppler, il n'y a de ce dernier, que sa bien stupide combinaison elliptique; et la preuve de cette stupidité, je tâcherai de la donner ci dessous

Les planètes sont projetées en ligne droite, dans les espaces célestes, disent les astronomes titrés, comme de I à J (fig. 1), mais si l'on demande à ces derniers, quelle est la loi de la Nature, qui a pu donner cette impulsion aux planètes, ils répondent, avec franchise, qu'ils n'en savent rien. Cette réponse est peu instructive, mais passons. Voici un véritable trait de génie, de la part de l'école officielle, pour imprimer un mouvement diurne aux planètes. C'est par le choc formidable d'une planète, contre une autre, que se produit, dit l'école officielle, le mouvement diurne des corps planétaires. Ainsi, pour ne parler, en ce moment, que de la Terre, cette dernière a été choquée par un autre corps planétaire, qui marchait, il faut le croire, à grande vitesse ; et ce dernier, en heurtant notre planète dans une direction qui passait à $\frac{1}{150}$ de son centre, assure l'école officielle, a imprimé à la Terre un mouvement diurne, ainsi qu'un mouvement en ligne droite, qui a fait passer notre Monde, bien juste, sur la tangente de son orbite, comme c'est indiqué à la fig. 1, de I à J. Et dire qu'il y a des hommes instruits, qui osent avancer, que « une pareille hypothèse, est tout ce qu'il « peut y avoir de plus absurde ! » Il est bien certain que cette manière de faire n'est pas dans la Nature ; mais comme cette.... combinaison choquante est.... ingénieuse ! il faut, bien certainement, que les planètes soient poussées par un fort habile joueur de billard, pour produire d'aussi merveilleux effets ! Et afin d'en juger par notre planète elle-même, l'on peut remarquer qu'au solstice de Décembre Arctique (fig. 1), la Terre est venue passer, fort juste, sur la tangente de son orbite ! A ce solstice de Décembre, de l'hémisphère Arctique, notre planète a été arrêtée par le regard du Soleil, qui est le point le plus puissant de cet Astre (Pour expliquer son système planétaire elliptique, plus que bizarre, Keppler fut obligé d'admettre sur le Soleil, deux puissances différentes, l'une grande et l'autre petite. Pour parler de ce système ridicule, j'ai mis la grande puissance au regard du Soleil, et la petite au cervelet) ; c'est par une très-forte puissance magnétique, que le Soleil a pu arrêter la Terre au solstice de Décembre Arctique. Si l'Astre solaire, inventé par Keppler, ne pouvait pas joindre son magnétisme, à sa puissante et rationnelle attraction, tous ses satellites auraient pu passer devant son nez, sans s'y arrêter ; mais heureusement pour Keppler, le Soleil de son invention a une puissance de regard, telle, que pas une planète ne saurait passer devant cette formidable puissance, sans y être arrêtée ! Lorsque le Soleil avait ainsi arrêté un satellite, ce dernier était obligé de circuler autour de son moteur, et comme ce Soleil, fabriqué par Keppler, avait une puissance fort grande, dans le regard, et une autre fort petite, dans le cervelet, le satellite de l'Astre solaire était tantôt près du Soleil, et parfois il en était fort éloigné. La Terre, par exemple, était fort près du Soleil, au solstice de Décembre Arctique, et elle en était fort éloignée au solstice de Juin Arctique, disait Keppler. Cette fameuse combinaison.... humaine, donnait et donne encore, mais pas pour longtemps, j'ose le croire, une forme ELLIPTIQUE aux orbites des planètes. Admettre, comme l'a fait Keppler, que le Soleil doit avoir une GRANDE puissance, sur un point; et que, sur un point opposé, il doit en avoir une PETITE, c'est donner une forte preuve que l'on n'est pas un véritable physicien; mais je passe au savant géomètre Allemand, qui n'est plus, cette fantaisie. Si l'on admet que l'Astre solaire a deux puissances INÉGALES, il faudrait admettre aussi, pour expliquer le système planétaire de Keppler, que le Soleil est FIXE; et, comme on le sait, il ne l'est pas; et comme cet Astre fait environ 15 révolutions sur son axe, dans un an, pendant que, dans le même temps, la Terre n'en fait qu'une dans son orbite; il est évident, que le point de la plus grande puissance du Soleil ou son regard, ne peut paraître toujours en face du solstice de Décembre Arctique, et que le point de la moins grande puissance de l'Astre solaire ou le cervelet, ne peut pas toujours, non plus, être en face du solstice de Juin Arctique. Je sais que l'on peut m'objecter que, du temps de Keppler, on ne connaissait pas la rotation du Soleil, bien que le savant Allemand fut contemporain de Galilée, qui inventa les télescopes, mais si Keppler ne savait pas cela, par des observations astronomiques, il pensait que le Soleil avait un mouvement diurne, puisque voilà ce qu'on lui fait dire : « Du moment que la Terre, « en tournant sur son axe, fait circuler la Lune autour d'elle, le Soleil doit « avoir un mouvement diurne, afin de faire circuler ses satellites autour de lui. » Keppler a même avancé, assure-t-on, que « le Soleil tourne « trois fois sur son axe, dans un an. » Mais quoi qu'il en soit, à l'égard du mouvement diurne de l'Astre solaire, je veux bien accorder, pour le besoin qu'en a le piteux système Elliptique, de Keppler, que du temps de ce dernier, le Soleil fut considéré comme étant FIXE; et que cet Astre, à l'aide de son regard et de son cervelet, peut servir, étant de la sorte, à donner l'explication de l'inégalité des jours de 24 heures. Voyons maintenant si tout fixe que je me plais à admettre le Soleil, cet Astre pourra servir à donner l'explication de certains autres phénomènes. Pour expliquer le système, à Ellipse excentrique, de Keppler, il faut admettre que la Terre marche rapidement en Hiver, et qu'elle circule lentement dans son orbite en Été. L'amour qu'avait le savant Allemand, pour son triste système Elliptique, le rendit complètement aveugle! il l[e] faut bien, puisqu'il n'a pas même SU comprendre que la Terre a EN MÊME TEMPS! remarquez cela, au solstice d'HIVER et au solst[i]ce d'ÉTÉ! Pour servir ce malheureux système Elliptique, il faudr[ait] que la Terre fut assez complaisante, et cela ne suffirait pas, pou[r] marcher au GALOP et au PAS, EN MÊME TEMPS!! Et de plus, il faudr[ait] aussi que notre planète fut fort PRÈS et fort LOIN de l'Astre solair[e] EN MÊME TEMPS!!! Keppler ne fut pas assez clairvoyant, pour re[-] connaître, que lorsque l'hémisphère Arctique de la Terre a le Prin[-] temps, AU MÊME MOMENT! faites bien attention à ceci, l'hémisphère A[n-] tarctique a l'Automne; que lorsque l'hémisphère Arctique a l'Été, l['hé-] misphère Antarctique a l'Hiver; que lorsque l'hémisphère Arctique [a] l'Automne, l'hémisphère Antarctique a le Printemps, et que enfin, lor[s-] que l'hémisphère Arctique a l'Hiver, l'hémisphère Antarctique a l'Ét[é.] Si les savantissimes de l'école officielle, ne savent pas cela, ils peuve[nt] l'apprendre en étudiant la fig. 2, qui est ma propriété exclusive.

Voilà où le chemin de la routine a conduit Keppler, ainsi qu[e] les partisans de son stupide système elliptique.

Si, au lieu de suivre son ornière routinière, l'école officielle s'occu[-] pait à porter des améliorations dans la sublime science astronomi[-] que; si elle détruisait les nombreuses choses absurdes, qui maculent s[es] ouvrages, et si cette même école avait SU ajouter certaines indicatio[ns] non seulement utiles; mais même nécessaires; comme, par exem[-] ple, celles des solstices et des équinoxes de l'hémisphère Antarctiq[ue] comme je l'ai fait moi-même, à la fig. 2, si l'école officielle avait s[u] faire cela, dis-je, Keppler n'aurait pas donné le jour à un systèm[e] ELLIPTIQUE, qui peut être réfuté par les plus jeunes écoliers des écol[es] primaires! car il ne s'agit, pour cela, que de donner la preuve, q[ui] c'est facile, que la Terre est, EN MÊME TEMPS! entendez-vous? à deux sol[s-] tices de saison OPPOSÉE, comme à celui de Décembre Arctique, et à cel[ui] de Juin Antarctique. Il est évident, que l'homme le moins instr[uit] possible sur la science astronomique, devrait pourtant savoir, que lorsque l'hémisphère Arctique de la Terre est au solstice de D[é-] cembre, l'hémisphère Antarctique est, EN MÊME TEMPS, au solstice [de] Juin; que lorsque l'hémisphère Arctique est à l'équinoxe de Mars, l'h[é-] misphère Antarctique est à l'équinoxe de Septembre; que lorsque l'hém[i-] phère Arctique est au solstice de Juin, l'hémisphère Antarctique est au so[l-] tice de Décembre; et que enfin, lorsque l'hémisphère Arctique est à l'éq[ui-]

noxe de Septembre, l'hémisphère Antarctique est à l'équinoxe de Mars.
Toutes ces indications sont établies à la fig. 2.

Certainement, Keppler devait savoir ce que je viens d'expliquer
ci-dessus, et pour peu que l'on soit astronome, on doit le savoir aussi;
mais la routine, en parlant de la Terre, de ne s'occuper que de l'hémisphère ARCTIQUE, fait que les astronomes titrés ne savent voir que
ce dernier; c'est aussi ce qui est arrivé à Keppler, pour la fabrication
de son visible système elliptique. Ainsi, en examinant la fig. 1, qui repré-
sente le système du savant Allemand, on peut voir qu'il n'est question
que de l'hémisphère ARCTIQUE, pour l'indication des solstices, ainsi que
pour celle des équinoxes... Avec un tel dessin, et la routine de dire, comme
le fait encore l'école officielle : « La Terre est au solstice de Décembre, la Terre est à l'équinoxe de Mars; la Terre est au solstice de Juin; et enfin,
la Terre est à l'équinoxe de Septembre. » Avec une telle routine, dis-je,
on OUBLIE, que lorsque la Terre est au solstice de Décembre Arctique, elle
est, EN MÊME TEMPS, au solstice de Juin Antarctique; que lorsque notre planète est à l'équinoxe de Mars Arctique, elle est aussi à l'équinoxe de
Septembre Antarctique; que lorsque notre Monde est au solstice de Juin
Arctique, il est, en même temps, au solstice de Décembre Antarctique; et
que enfin, lorsque la Terre est à l'équinoxe de Septembre Arctique, elle
est aussi à l'équinoxe de Mars Antarctique. Cette VÉRITÉ incontestable,
tracée à la fig. 2, la ROUTINE l'a masquée à Keppler, à la fig. 1, en négligeant
de mettre les indications qui concernent l'hémisphère ANTARCTIQUE.
Mais en masquant la VÉRITÉ au savant Allemand, la diègue le poussa
dans sa profonde ornière, dans son infernal chemin ! en lui disant
que ce dernier le conduirait à la VÉRITÉ. Keppler a suivi le conseil
de la routine, et, pendant qu'il a vécu, le savant Allemand a
du croire que la vieille avait raison, car l'ornière de la diègue, a
conduit Keppler à la gloire égoïste et éphémère, d'un peu plus que
la durée de l'existence de cet auteur; mais, pour toujours, l'œuvre
stupidement fabriquée, du géomètre Allemand, servira de risée aux
gamins de la rue ! Et le premier venu de ces enfants, en se jouant du système ELLIPTIQUE, de Keppler, pourra en soutenir la réfutation, puisque
il suffit de prouver que les hémisphères de la Terre NE PEUVENT PAS SE
SÉPARER ! et un gamin peut parfaitement prouver cela. « La Terre, dit l'é-
cole officielle, doit être PRÈS du Soleil en HIVER, et notre planète doit être
LOIN de cet Astre en ÉTÉ. » Mais si l'école officielle veut bien se
donner la peine de consulter la fig. 2, elle verra que la Terre est,

EN MÊME TEMPS à deux solstices opposés ou à l'HIVER et à l'ÉTÉ, et que, pour plaire au système elliptique, il faudrait qu'un hémisphère fut PRÈS du Soleil, et que, EN MÊME TEMPS, l'autre moitié de la Terre fut LOIN de l'Astre solaire !! Mais les savants, les grands hommes, les infaillibles, les immortels, etc., de l'école officielle, ne comprennent-ils pas, que cela est impossible à Dieu lui-même? Je veux même supposer qu'il fut possible, à l'école officielle, de décoller les hémisphères de notre planète, et de pouvoir les disposer EN MÊME TEMPS, l'un PRÈS du Soleil en HIVER, et l'autre LOIN de l'Astre solaire en ÉTÉ, alors, les astronomes titrés ne pourraient plus dire, que « la Terre est au « solstice de Décembre, la Terre est au solstice de Juin, etc., »puisqu' il n'y aurait qu'un hémisphère.

Même en faisant les suppositions les plus avantageuses, à l'égard du système ELLIPTIQUE, du savant Allemand, on est forcé de reconnaître, que ce système planétaire est le plus ridicule, le plus stupidement combiné, de tous ceux, fort nombreux, qui sont à la connaissance de l'homme. Est-il possible, que des savants puissent avancer que « en HIVER, la Terre est à UN MILLION de lieues plus PRÈS du Soleil, qu'en ÉTÉ, » puisque notre planète est à ces deux saisons OPPOSÉES EN MÊME TEMPS! Ces indications, qui sont écrites à la fig. 2, sont aussi dans les livres des académiciens; ces savants seraient-ils pires que les ....., ne savent-ils pas lire leur écriture? Que les astronomes officiels, veuillent bien se donner la peine d'étudier la fig. 2, qui est ma propriété exclusive, et ils pourront reconnaître facilement leur erreur monstrueuse! Je sais bien que ce n'est pas tout haut, que les académiciens reconnaissent leurs erreurs, même les plus grossières! Les statuts de cette société s'y opposent, puisque cette dernière se considère, mais bien à tort, comme étant infaillible! La soi-disant infaillibilité de l'école officielle, cette épithète menteuse et ridicule, qui ne permet pas, aux académiciens, de reconnaître, de leur vivant, mais seulement après leur mort! les erreurs les plus évidentes que puissent renfermer leurs travaux; cette gloriole surannée, oblige les savants à repousser tous les ouvrages des chercheurs, surtout les plus importants, et qui ont la plus grande chance de succès; parce que alors, en montant sur le trône, l'ouvrage du chercheur, plongerait dans la tombe, celui des académiciens! «Qui cherche, trouve,» dit-on. Les chercheurs, les glaneurs, les novateurs trouvent, parfois, de bonnes choses, mais si les savants titrés se refusent à entendre les novateurs, ils ne peuvent pas savoir si les systèmes que présentent ces derniers, sont l'expression de la vérité, ou de l'erreur. Et l'école officielle a-t-elle bien le droit de repousser un travail scientifique sans que, préalablement, elle l'ait examiné? Selon bonne justice, cela ne doit pas être. Il n'est certainement pas juste que, à peu près une douzaine de savants titrés, parce qu'ils n'ont pas eu le bonheur de découvrir certaines vérités utiles, empêchent à tout un Peuple, je puis même dire à tous les Peuples de la Terre, de profiter de ces vérités, parce qu'elles ont été dévoilées par un chercheur, au lieu de l'être par un académicien! Et pourquoi les académiciens ne découvrent-ils pas de grandes vérités? c'est, peut être, parce que ces derniers ont plus de pudeur que les novateurs; les nudités, même les plus belles, leur répugnent? Oh non! ce n'est pas cela, on sait, depuis longtemps, que la Nature se plaît à faire donner, par les humbles, des leçons aux superbes! C'est donc par cette puissante Maîtresse de toutes choses, que certaines vérités, qu'elle veut accréditer, seront connues de tous, malgré la résistance, mais impuissante résistance de l'école officielle:

« L'homme propose, mais Dieu dispose. »

Maintenant, je vais tâcher de reconnaître combien Keppler a dû être heureux, en combinant son ridicule système planétaire, à ellipse excentrique, et pour cela je vais me servir de la fig. 1, où les indications des solstices et des équinoxes, n'existent que pour l'hémisphère Arctique; il faut remarquer que c'est le manque de ces indications, qui est la cause des erreurs monstrueuses qu'a dû commettre Keppler, pour la fabrication de son système planétaire. Afin de ne pas trop marchander avec le savant Allemand, à l'égard des stupides hypothèses dont s'est servi ce dernier, pour la construction de son système à ellipse excentrique; pour ne pas marchander, dis-je, avec Keppler, il faut admettre que les corps planétaires sont poussés par un fort habile joueur de billard, afin que, par des caramboulages, les planètes passent juste sur la tangente de leur orbite, comme de I à J. Il faut admettre aussi que le Soleil est FIXE, et qu'il a une grande puissance dans le regard, une moyenne dans chaque joue, et une petite dans le cervelet. A l'aide de la connaissance de la loi de la proportionnalité des aires décrites, que Mæstlin enseigna à Keppler, et que connaissaient les Patriarches antédiluviens, on peut faire suivre une orbite elliptique à la Terre, comme a cru devoir le faire le savant Allemand. Pour m'amuser à expliquer le système à ellipse excentrique, de Keppler, je place la Terre au solstice de Décembre. (fig. 1), où

notre planète a été arrêtée par le puissant regard du Soleil ! A ce solstice
d'Hiver, la Terre abandonne sa direction en ligne droite de I à I, arrêtée
qu'elle a été, par le puissant regard de l'Astre solaire ; mais comme notre
planète a une puissance d'impulsion qui la pousse en avant, et qu'elle
est attirée par le Soleil, la Terre trace une courbe fermée ou Ellipse excentrique, selon la stupide idée de Keppler. Au solstice de Décembre la Terre
est le plus près possible du Soleil, parce qu'elle est en face du point le
plus puissant de cet Astre ou de son regard ; c'est là aussi où la Terre
marche avec le plus de rapidité ; toujours pour le besoin qu'on a le système de Keppler. Notre planète ayant été arrêtée par le puissant regard du Soleil, est obligée de quitter sa direction en ligne droite, pour obé-
ir à la puissance de ce regard ; et comme il faut que le Soleil soit FIXE,
disait Keppler, la Terre peut progressivement s'éloigner du Soleil, parce
que ce dernier ne y peut voir notre planète que du coin de l'œil . A l'équinoxe
de Mars la Terre s'est éloignée de son Moteur de 500 mille lieues, disent
les astronomes titrés. Au fur et à mesure qu'elle s'éloigne de l'Astre
solaire, la Terre doit marcher plus lentement dans son orbite, pour
être d'accord avec la loi de la proportionnalité des aires décrites, que
Mæstlin connaissait avant Keppler ; voilà pourquoi, en allant au solstice
de Juin, notre planète n'étant plus sous la puissance du regard du
Soleil, marche en flânant jusqu'à ce solstice . A ce dernier la Terre
est à environ un million de lieues plus loin du Soleil, qu'elle ne l'est
en Hiver : C'est parce que notre planète est le plus LOIN possible de
l'Astre solaire, en été ! qu'il fait le plus chaud possible sur notre Monde !! disent les astronomes titrés ; et c'est parce que la Terre est en face du
corrélat de l'Astre solaire, qui est sa plus petite puissance, qu'elle
a pu s'éloigner ainsi de son Moteur. Mais à partir du solstice de Juin,
la Terre accélère sa marche, de peur, peut-être, que le Soleil trouve que
elle a trop flâné au solstice de Juin. Enfin, en marchant et trottant,
voilà notre planète qui arrive à l'équinoxe de Septembre, où elle est à
500 mille lieues plus près du Soleil, qu'au solstice de Juin, mais elle
est à 500 mille lieues plus loin de cet Astre, qu'au solstice de Décembre, disent les astronomes titrés. A l'équinoxe de Septembre la Terre est
vue par le Soleil, du coin de son œil puissant, ce qui la fait frisson-
ner de peur ! et pour ne pas déplaire à son maître, notre planète
s'apprête à trotter, et même d'aller au galop, en arrivant au solstice
de Décembre ; etc. (Si j'étais un académicien, un grand homme ! ce haut titre
m'obligerait à traiter la réfutation du sytème elliptique et stupide, de Keppler,

d'une manière grave, mais je ne suis qu'un simple chercheur scientifique, je puis donc me permettre de me *moquer de l'absurde* système à ellipse excentrique, du soi-disant législateur de l'astronomie! Je me plais à rire aux dépends de ce dernier, en voyant qu'il fait marcher la Terre dans son orbite, comme on fait marcher les chevaux dans un hippodrome: au pas, au trot et au galop).

« Que peut-il y avoir de plus parfait (disent les astronomes titrés)? « En s'approchant, et en s'éloignant tour à tour du Soleil, la Terre va vite, ou lentement, et par cet excellent moyen l'on explique par-« faitement l'inégalité des jours de 24 heures; on comprend parfaite-« ment aussi, pourquoi le Soleil paraît plus grand en Hiver, qu'en « Été, puisque c'est un effet naturel de la perspective, etc. Quel génie!!!! « que ce Keppler; l'Allemagne doit être bien orgueilleuse d'être la Patrie « d'un tel savant! etc. » Disent les astronomes titrés.

Quels aveugles!... que ces derniers, qui ne s'aperçoivent pas qu'ils ne parlent que de l'hémisphère Arctique; qu'à l'hémisphère Antarctique la saison est toujours opposée à celle du premier hémisphère, et que, de la sorte, la Terre est, *en même temps*, à l'HIVER et à l'ÉTÉ!...

L'école officielle dit que « la Terre doit être le plus près possi-« ble du Soleil, au solstice de Décembre (fig. 1); » c'est de l'hémisphère Arctique dont l'école officielle entend parler, mais l'hémisphère Antarctique, sur lequel cette école ne met jamais d'indication, est, *en même temps*, au solstice de Juin, comme je l'ai écrit à la fig. 2, de telle sorte, que la Terre se trouve, *en même temps*, à l'HIVER pour l'hémisphère Arctique, et à l'ÉTÉ pour l'hémisphère Antarctique. Il faudrait donc, pour sauver l'imbécilité du système à ellipse excentrique, de Keppler, que la Terre fût PRÈS et LOIN du Soleil *en même temps!!!!*

Si les astronomes titrés ne savent pas que la Terre est, A LA FOIS, au solstice de Décembre et au solstice de Juin; à l'équinoxe de Mars et à l'équinoxe de Septembre; au solstice de Juin et au solstice de Dé-cembre; et enfin, à l'équinoxe de Septembre et à l'équinoxe de Mars; si les astronomes titrés ne savent pas cela, dis-je, c'est que ce sont des académiciens sans le moindre talent astronomique, et leur titre est tout à fait illusoire; si, au contraire, ces savants titrés ont connais-sance du double et inverse phénomène dont je viens de parler, com-ment se fait-il que de tels hommes osent prendre la défense d'un système aussi pitoyable que celui de Keppler, où il faut que la Terre, qui est toujours à deux saisons OPPOSÉES, notez bien cela, soit PRÈS et LOIN du

Soleil, en MÊME temps ? Si les astronomes titrés se donnaient la peine d'étudier la fig. 2, de cet opuscule, ils abandonneraient bien vite, j'ose le croire, le système planétaire, à ellipse excentrique, de Keppler, qui est fabriqué de la plus absurde manière possible ! Car, quel est l'imbécile à qui il ne resterait pas assez de raison, pour comprendre que la Terre ne peut pas avoir son hémisphère Arctique près du Soleil, et avoir, EN MÊME temps ! entendez-vous ? son hémisphère Antarctique loin de l'Astre solaire, puisque ces deux hémisphères sont, j'ose le croire, INSÉPARABLES ? Il faut avoir sa raison complètement perdue ! pour admettre que la Terre peut être, EN MÊME temps, PRÈS et LOIN du Soleil !!! Et pourtant, les astronomes titrés enseignent ceci : « La Terre est PRÈS du Soleil en HIVER, et cette même planète est LOIN de cet Astre en ÉTÉ. »

Comme on peut le voir à la fig. 1, l'école officielle ne met les indications des solstices et des équinoxes, que sur l'hémisphère Arctique et celles de l'hémisphère Antarctique, qui sont absentes, ont l'air de se cacher, à la façon de l'âne qui avait mis sa tête dans la haie, mais qui avait tout son corps en dehors, pour recevoir des coups de bâton. Les NOMS des solstices et des équinoxes de l'hémisphère Antarctique (fig. 1), se sont cachés dans la haie, mais les corps de ces mêmes solstices et équinoxes, étant sur la fig. 1, parfaitement en évidence, c'est sur eux que j'ai donné, non pas des coups de bâton, mais bien des coups de plume, pour écrire leurs NOMS, comme on peut le voir à la fig. 2, et comme tout homme, instruit sur cette sublime science, doit le savoir. Si au-dessous du solstice de Décembre Arctique (fig. 1), il n'y a pas d'indication pour le solstice de l'hémisphère Antarctique, les astronomes titrés, les académiciens, les immortels ! les infaillibles !! etc., devraient savoir, et c'est bien peu, ce qu'il doit y avoir, mais si ces savants, ne savent pas même cela, qui est la lettre A de cette science, ils peuvent l'apprendre à l'aide de la fig. 2, qui est ma propriété exclusive. À l'aide de cette dernière, les grands hommes de cette science, s'il y en a, peuvent s'assurer, que lorsque l'hémisphère Arctique est au solstice d'HIVER, l'hémisphère Antarctique est au solstice d'ÉTÉ, et cela EN MÊME temps ! etc. Chose importante, dont il faut tâcher de se souvenir ; c'est au Public qui aime à s'instruire, à qui je donne ce conseil, afin de se tenir en garde contre les ronflantes phrases, mais creuses de science, des astronomes titrés, et lorsque ces derniers sauront que la Terre est, EN MÊME temps, à l'HIVER et à l'ÉTÉ ; je dois croire, pour leur honneur scientifique, que ces savants ne persisteront pas à soutenir un système planétaire, à ellipse excentrique, dont la combinaison décousue, extravagante, pétrie de stupidités et d'imbécilités! devrait faire honte, s'il en était l'auteur, à un gamin de moins de 7 ans, si ce dernier était intelligent. Être obligé de dire, pour expliquer le système planétaire de Keppler, que la Terre est PRÈS et LOIN du Soleil, en MÊME temps!!! c'est dire, en même temps aussi, que l'on est privé de sa raison, puisque cette chose est absolument impossible! même à Dieu!!!

Keppler n'était que borgne, et son travail, qu'il a mis à la vrie, a été trouvé parfait, par les aveugles de l'école officielle, mais ce temps est passé, et le MASQUE que portait le système, à ellipse excentrique, de Kepplor, vient d'être ARRACHÉ par moi! Marcellin Barrière, après plus de 10 ans d'un travail non interrompu, afin de montrer à tous, la face de l'erreur qui s'y cachait, et pour s'assurer de cette erreur, il n'y a qu'à comparer la fig. 1, avec la fig. 2.

Il est donc bien évident que le sytème planétaire, à ellipse excentrique, de Kepplor, est mort! bien MORT!! et j'ajoute que c'est le CADAVRE le plus bizarre, de tous les cadavres de ce genre!!!....

On a enterré les homocentriques à excentricité, on a enterré les épicycles, on enterrera bientôt, je l'espère, le ridicule rayon vecteur EN CAOUTCHOUC, de Kepplor, qui donne aux orbites des planètes une forme ELLIPTIQUE, en s'allongeant et en se raccourcissant alternativement, etc. Mais après avoir jeté la dernière pelle de terre sur ce hideux cadavre elliptique, je tâcherai de faire RESSUSCITER le véritable système planétaire, inventé par les astronomes antédiluviens, et que l'on peut voir à la fig. 2. C'est ce même sytème qui a été adopté par Philolaüs, etc., et par Copernic. C'est aussi ce même système planétaire que j'ai adopté, et les phénomènes que le célèbre Copernic n'a pas pu expliquer, pourront être expliqués par moi, j'ose le croire. Je tâcherai de donner la preuve la plus évidente possible, que les observations astronomiques sont parfaitement d'accord avec le sytème planétaire des astronomes antédiluviens; mais ce n'est pas dans un opuscule comme celui-ci, que je puis le faire; c'est par des conférences publiques, que j'espère pouvoir faire à la Sorbonne, que je démontrerai la combinaison simple et parfaite, des systèmes planétaires de la Nature, que les astronomes antédiluviens ont su copier fidèlement.

Mais, à propos de la forme ELLIPTIQUE des orbites des planètes, l'école officielle croit m'embarrasser beaucoup, en m'objectant ce qui suit:

« Si le Soleil paraît plus GRAND en HIVER, qu'en ÉTÉ, dit « l'école officielle, c'est que cet Astre est plus PRÈS de la Terre en ....

Décembre, qu'au mois de JUIN, puisque c'est un effet naturel de la
« perspective; et par conséquent, l'orbite de notre planète n'a pas la for-
« me du CERCLE, mais bien celle de l'ELLIPSE. »

Au premier abord, et sans examen, sans contrôle, l'école officielle semble avoir raison, mais avec la moindre attention, il est facile
de reconnaître que cette dernière fait ici, comme en bien d'autres en-
droits, une fausse application de la théorie : La perspective, ayant lieu
dans un milieu de même densité, produit l'effet dont parle l'école officielle; mais lorsqu'on fait l'application de cette même théorie, dans des
milieux de densités différentes, il n'en est pas de même, un corps planétaire, par exemple, vu à la même distance, paraît plus grand dans un
milieu de beaucoup de densité, que dans un milieu de peu de densité; voilà
pourquoi on voit le Soleil plus grand au mois de Décembre, qu'au mois
de Juin, bien que cet Astre soit, comme l'a prouvé le savant Flamsteed,
toujours à la même distance de la Terre; c'est ce que j'ai indiqué à la fig. 2.

Voici la preuve que donne Flamsteed, à l'égard de la forme
parfaitement circulaire, de l'orbite de notre planète; cette preuve est extraite
d'un ouvrage astronomique, de Dominique Cassini :

« Flamsteed, dit D. Cassini, avait reconnu l'impossibilité de
« l'orbite elliptique de la Terre, car ayant vu itérativement l'étoile polai-
« re en janvier et en juillet, depuis 1689 jusqu'en 1699, sous le même tri-
« angle isocèle, il avait conclu que relativement à l'étoile polaire ou pôle
« boréal, le diamètre du déplacement de la Terre ne pouvait être autre
« que la base de ce même triangle isocèle, c'est-à-dire l'inclinaison de
« 23° ½ que je donne au pôle; et ayant, par d'autres observations, détermi-
« né la mesure du diamètre vertical de l'orbite que parcourt la Terre,
« ainsi que celle du diamètre horizontal, et les ayant trouvés égaux, il
« en avait encore tiré la conséquence que la Terre ne pouvait se mouvoir
« sur une ligne elliptique (fig. 1), car il n'y a que le CERCLE (fig. 2) qui ait des
« diamètres égaux dans les sens opposés. »

Flamsteed, astronome royal d'Angleterre, a été un des plus
habiles observateurs astronomiques, qu'il y ait eu sur la Terre! Si
un pareil savant a mesuré, pendant 10 ANS, les divers diamètres de
la Terre, et qu'il les ait trouvés égaux, c'est que cette orbite a la forme
du CERCLE (fig. 2), que lui ont donné les astronomes antédiluviens, et
non celle de l'ellipse (fig. 1), que lui a donné Keppler.

Les astronomes titrés, qui ne savent pas comprendre ce
qui se passe dans l'hémisphère Antarctique de la Terre, disent

Autographie par Marcelin Berrière.

Systéme planétaire elliptique, de Keppler,
Adopté par l'école officielle.

Systéme planétaire des Astronomes antédiluviens,
remis dans son état normal, par Marcelin Berrière.

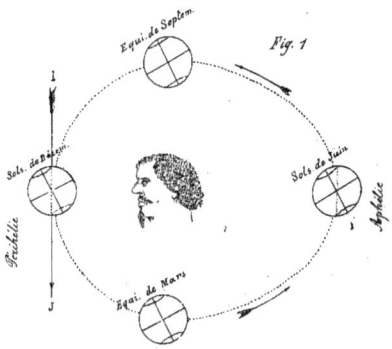

Fig. 1

Equi. de Septem.

Sols. de Déc.

Périhélie

Aphélie

Sols. de Juin

Equi. de Mars

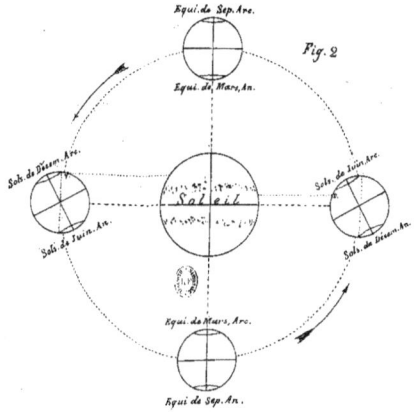

Fig. 2

Equi. de Sep. Arc.

Equi. de Mars, An.

Sols. de Décem. Arc.

Sols. de Juin, An.

Saleil

Sols. de Juin Arc.

Sols. de Décem. An.

Equi. de Mars, Arc.

Equi. de Sep. An.

Autographié par Berrière.

que « l'hémisphère Arctique a environ 7 jours de PLUS de Printemps et
« d'Été, que n'a le premier. » C'est encore ici, comme pour le système
elliptique, de Keppler, le manque de connaissances, à l'égard de l'hémisphère Antarctique, qui fait dire aux astronomes titrés, cette GROSSE
bêtise! Puisque, comme on peut le voir à la fig. 2, l'hémisphère Arctique
a le Printemps et l'Été, dans le même temps que l'hémisphère Antarctique
a l'Automne et l'Hiver, c'est tout simplement 7 jours de Printemps et d'Été,
que l'hémisphère Arctique a de PLUS, que son frère Antarctique n'a d'Automne et d'Hiver. Mais, à son tour, l'hémisphère Antarctique a le Printemps et l'Été, pendant que l'hémisphère Arctique a l'Automne et l'Hiver, et cette fois, c'est l'hémisphère Antarctique qui a 7 jours de PLUS de
Printemps et d'Été, que son jumeau Arctique n'a d'Automne et d'Hiver.
Donc, le Printemps et l'Été n'ont pas PLUS de durée dans un hémisphère, que
dans l'autre; mais ces derniers ont, chacun, 7 jours de PLUS de Printemps
et d'Été, que d'Automne et d'Hiver. etc.

Les astronomes titrés ont grandement besoin d'étudier la fig. 2, car
ces savants savent bien peu de chose, à l'égard des phénomènes inversement
disposés des hémisphères de la Terre. Les astronomes titrés, veulent toujours faire accorder les phénomènes qui se produisent sur les deux hémisphères de notre Monde, lorsque, dans la Nature, ces phénomènes
sont toujours contraires, et par 6 MOIS de différence, etc.

Si la Terre était à deux solstices de Décembre en même temps; à deux é-
quinoxes de Mars à la fois; à deux solstices de Juin au même moment; et enfin,
à deux équinoxes de Septembre dans le même instant, comme semble le croire l'école officielle, il est évident, dis-je, que si ces phénomènes avaient lieu
de la sorte, le système à Ellipse excentrique, de Keppler (fig. 1), tout absurde qu'il
est, eut été plus difficile à détruire; mais, heureusement pour l'utile science astronomique, il en est tout autrement, et si les défenseurs de l'IMBÉ-
CILITÉ dont il est question, ne le savent pas, ils peuvent l'apprendre en
étudiant la fig. 2, qui est ma propriété exclusive, puisque j'en ai fait
le dépôt légal.

Toujours à cause des 6 MOIS de différence, qu'il y a d'un hémisphère à l'autre, pour une MÊME SAISON, j'ai entendu dire des choses bien
ridicules. Ainsi par exemple, un voyageur dira qu'il est parti de Paris le 21
Juin, et que, 6 MOIS plus tard, il est arrivé à l'Ile de Kerguelen le 21 Décembre. Il est évident que, dans le même hémisphère, 6 mois après le 21
Juin, c'est le 21 Décembre; mais le voyageur qui, de Paris, est allé à Kerguelen, a, de l'hémisphère Arctique, passé dans l'hémisphère Antarctique;

et comme de l'un à l'autre hémisphère, il y a toujours, pour la même saison, 6 MOIS de différence ; c'est au 21 Juin de l'hémisphère Antarctique, que le parisien est arrivé à Kerguelen, 6 MOIS après son départ de Paris, qui était le 21 Juin de l'hémisphère Arctique.

Je suppose, en renversant la direction du voyage, qu'un habitant de l'Isle de Kerguelen, parte de cet endroit, en consultant le calendrier de l'hémisphère Antarctique, s'il y en a, le 21 Juin, et que, 6 MOIS après, ce voyageur arrive à Paris, il dira, en entrant dans la Capitale de la France, après avoir consulté son calendrier, que c'est le 21 Décembre. Il est encore évident que, en se servant du même calendrier, 6 MOIS après le 21 Juin, c'est le 21 Décembre, mais, comme le premier voyageur, ce deuxième a passé d'un hémisphère, dans l'autre, et du moment qu'il y a, pour la même saison, entre les hémisphères de la Terre, 6 MOIS de différence, le deuxième voyageur, parti de Kerguelen le 21 Juin, a dû arriver à Paris le 21 Juin.

Puisque il y a toujours 6 MOIS de différence entre les hémisphères de la Terre, pour une même saison, l'année de l'hémisphère Antarctique doit avoir 6 MOIS de différence avec celle de l'hémisphère Arctique, puisque ces hémisphères sont INVERSEMENT disposés. Puisque la mesure de l'année Arctique commence au 20 Mars, celle de l'année Antarctique, si on la met d'accord avec la première, commencera au 22 Septembre. Si l'on fait commencer la mesure de l'année de l'hémisphère Antarctique, au 20 Mars de ce dernier, ce commencement sera au 22 Septembre de l'hémisphère Arctique, etc.

En astronomie, c'est évidemment tout ce qu'il peut y avoir de plus important, que la réfutation du Système planétaire, à ellipse excentrique, de Keppler, car cet absurde système est adopté par les principales écoles astronomiques. Et ce système planétaire, qui a eu, pendant près de 3 siècles, la réputation d'être un chef-d'œuvre n'est, en réalité, qu'une MONSTRUOSITÉ astronomique ! C'est ici le cas de dire : « Les extrêmes se touchent. »

J'ai écrit la réfutation du système de Keppler, en 100 pages comme celles-ci ou in 8° ; en étudiant davantage ce système, j'ai pu réduire ma réfutation à 60 pages ; plus tard, je l'ai réduite à 40 pages, et enfin, à force de dessiner le système planétaire des astronomes antédiluviens, ainsi que celui de Keppler, je me suis aperçu de l'énorme défaut de la vieille de ce dernier, comme je l'ai expliqué ci-dessus, à l'aide de la fig. 2.

La stupidité du système de Keppler, est tellement évidente,

qu'il n'est pas besoin de 24 pages comme celles de cet opuscule,
pour réfuter le système de Keppler, pour y parvenir, il suffit d'avoir
recours à la fig. 2, puisque cette dernière donne la preuve évidente, que la Terre est toujours à deux saisons OPPOSÉES ou à l'Hiver et
à l'Été EN MÊME TEMPS! Entendez bien, messieurs les 3 savants, que
c'est en même temps? Il ne faut donc pas être un académicien, il ne
faut même pas être bien intelligent, pour comprendre que la Terre,
étant à l'Hiver et à l'Été EN MÊME TEMPS, ne peut certes pas satis-
faire aux absurdes exigences du stupide système de Keppler, et ceux
qui l'ont accueilli avec force coups de battoirs, n'ont pas fait preuve de
posséder un grand talent astronomique.

　　　Et ces jolies expressions de : « Périhélie et Aphélie, » qui dérive-
rent du Grec, et dont la première veut dire : « près du Soleil, » et la se-
conde signifie : « loin de l'Astre solaire, » ces expressions, dis-je, sont-
elles bien à leur place, en les disposant comme le fait l'école officielle
à la fig. 1 ? Oui, s'il ne s'agit que de l'hémisphère Arctique. Non,
si les astronomes titrés veulent bien permettre que l'hémisphère
Antarctique fasse partie de notre planète, et il faut bien que
ces 3 savants le lui permettent, de bon gré, ou par force! Puisque l'hémisphère Antarctique fait partie de la Terre, et qu'il est au solstice
de Juin, comme je l'ai indiqué à la fig. 2; il faut placer le Périhélie au solstice de Décembre de l'hémisphère Arctique, et mettre
l'Aphélie, si les astronomes titrés veulent bien le permettre, au
solstice de Juin de l'hémisphère Antarctique; ce qui prouvera,
par des expressions à la mirliflore, que de telles hypothèses ne peuvent sortir que d'un cerveau fêlé, et que les hommes qui les sou-
tiennent n'ont pas la moindre connaissance astronomique. Car il faut, selon ces hypothèses, que l'hémisphère Arctique de la Terre soit PRÈS du Soleil,
et que, EN MÊME TEMPS!!! pensez à cela, l'hémisphère Antarctique
soit LOIN de l'Astre solaire!!! Et toutes ces MERVEILLES! sont indiquées
par les expressions charmantes, mais pas vraies: de Périhélie et Aphélie.
Qu'ils sont savants! les astronomes titrés; je veux dire l'inverse, car
ils ne savent même pas cette bien simple chose: Que lorsque l'hémisphère Arctique de la Terre a l'Hiver, l'hémisphère Antarctique
a, EN MÊME TEMPS, l'Été? Lorsqu'on ne sait pas comprendre les
choses les plus élémentaires de l'astronomie, on ne doit pas se permettre d'accepter le titre d'astronome. Je pense qu'il n'est pas utile
de parler des trois autres positions de la Terre, où règnent le même

stupidités, que celles dont je viens de parler.

Fions-nous donc, en aveugles, à la soi-disant exactitude des systèmes qui ont été contrôlés et adoptés par des savants, par des académiciens, etc. ? Si j'ai pu y avoir quelque confiance, en un certain temps, j'avoue que j'ai bien changé d'opinion à cet égard, et la *réfutation* du système planétaire, de Keppler, n'est qu'un *BON* commencement de ma *guerre*, contre les hypothèses, plus ou moins absurdes, de l'école officielle ; et elles sont nombreuses.

Maintenant que le système, à ellipse excentrique, de Keppler, est absolument mort ! je puis dire aux défenseurs de ce cadavre : Allons Messieurs les *elliptiques* ; arrière, et rangez-vous ! La sublime Nature va faire passer son véritable système planétaire, devant celui de Keppler, l'Allemand ; c'est-à-dire que la forme simple et parfaite du *CERCLE*, va éclipser la forme, à combinaison stupide, de l'ellipse : Il n'y aura plus d'orbite planétaire, à ellipse excentrique, après l'éclipse, parce que Dieu le veut !

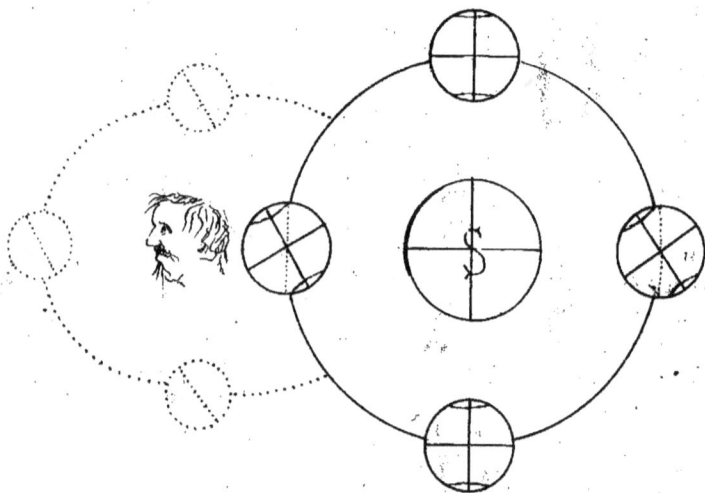

Réolation de la Lune autour de la Terre.

« La Lune, dit l'école officielle, est tantôt d'un côté, et tantôt « de l'autre, du plan équatorial de la Terre. »

J'ose croire que l'école officielle se trompe, et que la Lune est toujours dans le plan équatorial de notre planète, cette chose est bien facile à vérifier. Un simple fil-à-plomb comme celui-ci est l'instrument le plus parfait dont on puisse se servir pour vérifier si la Lune est toujours dans le plan de l'équateur de la Terre ou au zénith de ce même équateur ; c'est ce que je vais tâcher d'expliquer ci-dessous.

Et qu'on n'aille pas se laisser intimider par une objection de l'école officielle, qui n'est que spécieuse, et que voici :

« De l'équateur même on voit passer la Lune, tantôt d'un « côté, et tantôt de l'autre de certaines étoiles. »

Cela est parfaitement vrai, et il faut bien qu'il en soit ainsi, puisque c'est le mouvement oscillatoire de la Terre, d'un solstice à l'autre, qui donne à la Lune ce même mouvement. Et si les astronomes officiels, au lieu de se contenter de regarder passer la Lune, tantôt d'un côté et tantôt de l'autre de certaines étoiles, avaient su faire l'observation astronomique que j'indique ici, ils auraient reconnu, j'ose le croire, que la Lune est toujours au zénith de l'équateur de la Terre ou dans le plan de ce même équateur. Mais, si les astronomes titrés savaient que la Lune est toujours dans le plan de l'équateur de la Terre, les académiciens n'en diraient rien, parce que, avec cette hypothèse, ils ne sauraient pas expliquer, pourquoi l'on voit, tantôt plus, et tantôt moins les pôles de la Lune. Les savants titrés sont donc INTÉRESSÉS à dire que la Lune passe, tantôt d'un côté et tantôt de l'autre du plan équatorial de notre planète, afin d'expliquer ce phénomène. Ce n'est donc pas aux astronomes titrés, qu'il faut demander de constater que la Lune est toujours dans le plan de l'équateur de la Terre ou au zénith de ce même équateur. C'est aux savants non titrés ou libres, qui sont les véritables de cette fort utile science, que se recommande cette importante observation astronomique.

La Lune doit être dans le plan de l'équateur de la Terre

comme, et de l'aveu des astronomes officiels eux-mêmes, les satellites de Jupiter, ainsi que ceux de Saturne, sont dans le plan de l'équateur de ces planètes principales; voici ce qu'on dit Laplace :

« Les 4 satellites de Jupiter se meuvent dans le plan de son équateur. Les 6 premiers satellites de Saturne se meuvent dans le plan de son anneau, et très-vraissemblablement dans celui de sa rotation; si le 7me s'en écarte, etc. »

Puisque les satellites de Jupiter, ainsi que ceux de Saturne, se meuvent dans le plan équatorial de ces Moteurs, il doit en être de même pour les autres systèmes planétaires; et c'est aussi ce qui a lieu.

Selon le besoin, l'école officielle fait marcher les planètes sur des plans INCLINÉS, ou elle les dispose dans le plan de l'équateur du Soleil, puisque elle se sert, pour expliquer ce système, d'un mécanisme comme celui-ci, où tous les satellites sont, comme on peut le voir sur ce croquis, dans le plan équatorial du Soleil; la VÉRITÉ force la main à l'école officielle.

Par analogie avec les autres systèmes planétaires, la Lune doit être toujours dans le plan de l'équateur de la Terre, et le moyen, bien simple, pour s'en assurer, le voilà : Si un fil-à-plomb, comme celui-ci, était planté dans le sol, exactement à l'équateur de la Terre, la direction A B irait au centre de notre planète, et la direction B A serait le zénith ou le plan de ce même équateur; et c'est dans cette direction que tous les jours doit passer la Lune; pour avoir cette certitude, il suffira de répéter l'observation, pendant 8, ou 10 jours. Bien que l'on sache où est l'équateur de la Terre, à peu près; à moins de hasard, il est probable qu'à la première observation on ne plantera pas le fil-à-plomb, exactement sur cet équateur; c'est donc par un tâtonnement, en observant de quel côté du fil-à-plomb aura passé la Lune, qu'on peut réussir à trouver la VÉRITABLE position de l'équateur de notre planète. Lorsque l'on aura rencontré la véritable position de l'équateur de la Terre, c'est-à-dire quand on aura vu, pendant une 8me de jours, passer la Lune dans la direction du fil-à-plomb, on pourra considérer ce point, comme étant exactement sur l'équateur de notre planète, une fois que l'on sera certain d'un tel point, on en déterminera d'autres par le même moyen. A l'aide de la Lune, on peut tracer d'une manière parfaite, puisque c'est la Nature elle-même qui fait l'opération, le VÉRITABLE équateur de la Terre. Lorsque l'on aura tracé l'équateur de notre planète, on pourra le *borner* par des *tours* comme celles-ci , de 10 en 10 degrés, partout où le sol le permettra, et sur la *mer*, on marquera ces points par des bouées.

C'est à l'équateur que doivent être faites les *principales* observations astronomiques, et les tours dont je viens de parler, serviraient d'observatoires, etc.

J'ai un travail astronomique, basé sur l'hypothèse que la lune est toujours dans le plan de l'équateur de la Terre, si l'on me donne cette certitude, à l'aide du moyen que je viens d'indiquer, je m'empresserai de faire connaître le travail qui s'y rattache.

L'équateur de la Terre *est habité*, il est donc bien facile de faire l'observation astronomique, *fort importante*, dont j'ai parlé. Quito, qui n'est qu'à quelques lieues de l'équateur, est une ville fort populeuse, il doit y avoir là des hommes instruits, et assez amis de l'astronomie, pour faire l'observation dont je viens de parler, etc.

Si je n'étais qu'à 100 lieues de l'équateur, cette fort utile observation astronomique serait déjà faite; mais je suis en France, à environ 14 000 lieues de la limite des deux hémisphères de la Terre, et pendant plus de 10 ans j'ai tellement dépensé des trois choses qu'il faut pour faire la guerre, qu'il ne me reste plus beaucoup de munition.

Réfutation du Livre de M. Charles Emmanuel,
intitulé:
Astronomie nouvelle ou erreurs des Astronomes;
Par Marcellin Barrière.

Il existe, depuis près de 20 ans, un procès astronomique, entre M. Charles Emmanuel et l'école officielle qui, faute d'une réponse officielle de cette dernière, est toujours pendant. Il est pourtant bien facile, à mon avis de terminer cette dispute scientifique, puisque il doit suffire de prouver à M. Emmanuel, que les flèches qui sont sur les dessins de son livre, sont disposées de la même manière que celles, mais trop rares, qui sont dans les ouvrages de l'école officielle ⟶. C'est là une preuve sans réplique, que M.ᵉ Emmanuel est d'accord avec cette dernière, sur ce point important de cette science; mais trop facile à contrôler, pour qu'il soit possible de se tromper. Je suis étonné, de voir que des hommes fort instruits, même savants, n'aient pas eu l'idée de comparer les flèches ⟶ qui sont sur les dessins de leurs ouvrages, comme je l'ai fait moi-même; ils auraient pu éviter, par ce moyen facile, une longue polémique, mais qui sera, je le crois, utile à cette science, en faisant connaître le tort qu'on a de se servir de certains mots à équivoque, dont je vais parler ci-dessous.

L'école officielle n'est pas toujours heureuse, dans sa manière d'expliquer les phénomènes de la Nature, en voici une forte preuve:

« C'est-à-dire qu'au moment où la tache se montre sur le
« bord ORIENTAL, la pénombre est sensiblement moins étendue du
« côté du centre que vers le bord; lorsque la tache est située vers le cen-
« tre du disque, la pénombre paraît également étendue des deux côtés,
« et enfin, lorsqu'elle est sur le point de disparaître vers le bord OCCI-
« DENTAL, c'est vers ce bord que la pénombre a le plus d'étendue. »

« Donc, nous admettrons comme suffisamment démontré,
« que le Soleil est doué, comme la Terre, d'un mouvement de rota-
« tion d'OCCIDENT en ORIENT. »

Ainsi, l'école officielle fait, en premier lieu, tourner le Soleil et ses taches, d'ORIENT en OCCIDENT, et en second lieu, cette même école fait tourner l'Astre solaire, d'OCCIDENT en ORIENT. Je crois qu'il n'est pas possible de se donner un *démenti* plus formel ? C'est probablement à cause de ce démenti et de beaucoup d'autres, que s'est donnée à elle-même l'école officielle, que M. Emmanuel, croyant à une véritable erreur, de la part de cette école, lui a intenté, il y a environ 20 ans, le procès qui nous occupe. Des deux directions l'une mauvaise, et l'autre bonne, qu'indique l'école officielle, M. Emmanuel a dû évidemment choisir la première, afin d'intenter un procès à cette même école, mais cette dernière, qui s'est donnée bien des démentis, en se servant des mots à équivoque : d'orient en occident, et d'occident en orient, peut pourtant prouver à M. Emmanuel, qu'elle est d'accord avec lui, pour la direction du mouvement des planètes, puisque les flèches sont disposées d'une même manière ⟶, sur les travaux des deux plaideurs.

La flèche ⟶ est le seul moyen que l'on emploie dans tous les ouvrages qui traitent de la Mécanique ; où en serait-on ! si l'on devait se servir des mots à équivoque : d'orient en occident, et d'occident en orient. Avec ce signe ou trait ⟶, il est impossible de se tromper en indiquant la direction d'un mouvement, et l'on abrège beaucoup ; pourquoi alors ne pas s'en servir ? Non seulement ce moyen est le plus simple, et le seul qui soit rationnel, mais avec lui ⟶, il n'y a pas de méprise possible.

M. Emmanuel a eu tort, à son tour, d'ajouter aux mots à équivoque, de l'école officielle, des expressions à quiproquo, que voilà : « De droite à gauche, et de gauche à droite. » Car, du moment que l'on se trompe grossièrement, comme l'a fait bien souvent l'école officielle, en se servant de mots à équivoque ; il est bien plus facile de commettre des erreurs monstrueuses, en ajoutant, à ces premiers, des expressions à quiproquo.

L'école officielle, ainsi que M. Emmanuel, devraient, à mon avis, ne se servir, comme je le fais moi-même, que de ce signe ⟶, pour indiquer la direction des corps planétaires, et ils seraient, par ce moyen rationnel et bien simple, toujours d'accord, sur ce point, comme ils le sont en ce moment. Les dessins qui sont dans le livre de M. Emmanuel, ne sont pas tous pourvus de flèches, mais c'est, je le crois, le plus grand nombre, qu'on trouve accompagné de ce trait ⟶ expressif et non trompeur. On ne peut pas en dire autant des ouvrages de l'école officielle, qui sont, presque tous, dépourvus de cette excellente indication ⟶ ; cette dernière a tort, selon mon opinion.

de préférer les mots à équivoque, pour indiquer la direction d'un mouvement; car on peut voir ci-dessus, que cette école n'a pas été heureuse, pour indiquer le mouvement diurne du Soleil, etc. C'est probablement parce que M. Emmanuel n'a pas vu de flèches ⟶, en consultant les ouvrages de l'école officielle, que cet auteur n'a pas eu l'idée de comparer les traits ⟶ qui sont dans son livre, avec ceux, mais fort rares, qui sont dans les ouvrages de cette même école; si M. Emmanuel avait fait la comparaison des signes dont je viens de parler, il n'aurait pas intenté de procès à l'école officielle, puisque cet auteur aurait reconnu que les traits ⟶ sont d'accord; alors, les mots à équivoque, dont s'est servie, d'une manière pitoyable, l'école officielle; auraient pu séjourner longtemps encore au sein de l'astronomie, sans ce procès; au lieu que grace à M. Emmanuel, les mots à équivoque, de l'école officielle, ainsi que ceux à quiproquo, dont s'est servi l'auteur de l'Astronomie nouvelle, vont disparaître de cette sublime science, je l'espère, puisqu'ils ne sont que nuisibles, comme j'en ai donné la preuve ci-dessus.

Il est donc bien évident, puisque les flèches sont disposées de la même manière ⟶ sur les travaux de l'école officielle, que sur ceux de M. Emmanuel, qu'il existe un accord parfait entre les deux adversaires, concernant la direction du mouvement des corps planétaires; et que leur procès est jugé, sans qu'il soit possible, à ces plaideurs, de pouvoir prouver le contraire.

Il y a, dans le livre de M. Charles Emmanuel, d'autres détails astronomiques, dont j'aurais parlé, si je n'avais à les traiter moi-même, avec l'école officielle; mais d'ailleurs, M. Emmanuel a dit, dans son livre, que la direction des corps planétaires, « est la seule qui sera traitée dans cet ouvrage. »

Au résumé, puisque nous sommes tous d'accord, à l'égard de la direction du mouvement des astres, le titre du livre de M. Charles Emmanuel: Astronomie nouvelle ou Erreurs des Astronomes, n'a plus de raison d'être.

Autographie Lacoste

90

www.ingramcontent.com/pod-product-compliance
Lightning Source LLC
Chambersburg PA
CBHW070717210326
41520CB00016B/4384